Entwicklung eines Kaffeeautomaten als FSM (Finite State Machine)

Kai Stüber

Bibliografische Information der Deutschen Nationalbibliothek:

Die Deutsche Nationalbibliothek verzeichnet diese Publikation in der Deutschen Nationalbibliografie; detaillierte bibliografische Daten sind im Internet über http://dnb.d-nb.de abrufbar.

ISBN: 9783389047897
Dieses Buch ist auch als E-Book erhältlich.

Druck und Bindung: Books on Demand GmbH, Norderstedt Germany
Gedruckt auf säurefreiem Papier aus verantwortungsvollen Quellen

Das vorliegende Werk wurde sorgfältig erarbeitet. Dennoch übernehmen Autoren und Verlag für die Richtigkeit von Angaben, Hinweisen, Links und Ratschlägen sowie eventuelle Druckfehler keine Haftung.

Das Buch bei GRIN: https://www.grin.com/document/1490363

AKAD University

Elektro- und Informationstechnik (B. Eng.)

Assignment

Entwicklung eines Kaffeeautomaten als FSM (Finite State Machine)

zu Modul EBS46

von

Kai Stüber

Inhaltsverzeichnis

1. Einleitung

1.1. Hintergrund

In der heutigen digitalen Welt spielen Field Programmable Gate Arrays (FPGAs) eine immer bedeutendere Rolle bei der Realisierung komplexer digitaler Schaltungen. Die flexible Natur von FPGAs ermöglicht es, maßgeschneiderte Logikschaltungen für eine Vielzahl von Anwendungen zu implementieren. Bei der Entwicklung solcher Schaltungen ist die Verwendung von Hardware-Beschreibungssprachen (HDL) wie VHDL von entscheidender Bedeutung, um die gewünschte Funktionalität zu definieren und zu realisieren. Die Finite State Machine (FSM) ist ein grundlegendes Konzept in der digitalen Schaltungstechnik, das es ermöglicht, den Zustand eines Systems in diskreten Schritten zu modellieren. FSMs finden in vielen Anwendungen Anwendung, darunter Steuerungslogik, Kommunikationsprotokolle und Codierer.

1.2. Problemstellung

Bei der Entwicklung von digitalen Schaltungen ist es oft erforderlich, komplexe Zustandsmaschinen zu entwerfen und zu implementieren. Dies kann eine Herausforderung darstellen, insbesondere wenn es darum geht, die Funktionalität korrekt zu definieren und sicherzustellen, dass sie effizient auf dem FPGA implementiert werden kann.

1.3. Zielsetzung

Das Hauptziel dieser Arbeit ist es, den Prozess der Entwicklung einer FSM für FPGAs unter Verwendung der Hardware-Beschreibungssprache VHDL zu demonstrieren. Dabei soll insbesondere auf die Implementierung der FSM mithilfe der Software "Intel® Quartus® II" eingegangen werden.

1.4. Vorgehensweise

Zur Erreichung des Ziels werden zunächst die theoretischen Grundlagen von VHDL, FSM, FSD und FPGA erläutert. Anschließend wird der Entwicklungsprozess einer FSM detailliert beschrieben, beginnend mit der Erstellung eines Grundkonzepts bis hin zur Test- und Funktionsanalyse.

2. Theoretische Grundlagen

2.1. VHDL (Very High Speed Integrated Circuit Hardware Description Language)

VHDL steht für "VHSIC Hardware Description Language", wobei VHSIC für "Very High Speed Integrated Circuit" steht. Es ist eine Hardware-Beschreibungssprache, die zur Modellierung und Entwurfsbeschreibung von digitalen Schaltungen verwendet wird. VHDL ist eine standardisierte Sprache, die von der IEEE (Institute of Electrical and Electronics Engineers) standardisiert wurde und in der Regel in der Halbleiterindustrie verwendet wird. VHDL wird verwendet, um das Verhalten, die Struktur und die Funktionalität einer digitalen Schaltung zu beschreiben.[1]

Es ermöglicht den Entwicklern, den Schaltkreis auf einer höheren Abstraktionsebene zu entwerfen, anstatt sich auf die Details der Schaltungstopologie zu konzentrieren. VHDL unterstützt die modulare Beschreibung von Schaltungen, was es Entwicklern ermöglicht, große und komplexe Systeme in kleinere, wiederverwendbare Komponenten zu zerlegen. Diese Komponenten können dann miteinander verbunden werden, um das gesamte System zu erstellen. Eine der Stärken von VHDL ist seine Fähigkeit zur Simulation. Entwickler können ihre Designs vor der Implementierung auf einem FPGA (engl.: Field-Programmable Gate Array) oder ASIC (engl.: Application-Specific Integrated Circuit) simulieren, um das Verhalten zu überprüfen, Fehler zu finden und die Leistung zu optimieren.[2]

VHDL ermöglicht die Erstellung von Testbenches, die dazu verwendet werden, das Verhalten eines Designs zu überprüfen und seine Funktionalität zu testen. Diese Testbenches enthalten normalerweise Stimuli, die auf das zu testende Design angewendet werden, sowie Überwachungssysteme, um die Reaktion des Designs zu überprüfen. VHDL kann auch für formale Verifikationszwecke verwendet werden, um mathematisch zu beweisen, dass ein Design bestimmte Spezifikationen erfüllt oder bestimmte Eigenschaften hat. Dies ist besonders wichtig für sicherheitskritische oder hochzuverlässige Systeme.

---

[1] Vgl. Gehrke & Winzker, 2022, S. 51-52
[2] Vgl. Gessler, 2014, S. 167-171

2.2. FSM und FSD

Eine FSM (engl.: Finite State Machine) ist ein abstraktes mathematisches Modell, das aus einer endlichen Anzahl von Zuständen besteht, zwischen denen sich das System befinden kann. Diese Zustände können durch bestimmte Ereignisse oder Signale ausgelöst werden, und der Übergang von einem Zustand zum nächsten erfolgt gemäß vordefinierten Regeln oder Bedingungen. Eine FSM kann auch Ausgänge oder Aktionen haben, die mit bestimmten Zuständen oder Zustandsübergängen verbunden sind. FSMs finden in vielen Anwendungen Anwendung, wie zum Beispiel in der Modellierung von Schaltungen, in der Steuerungssystemen, in der Sprachverarbeitung, in der Compiler-Implementierung und in der Kommunikationsprotokoll-Entwicklung.

Ein FSD (Finite State Diagram) ist eine grafische Darstellung einer Finite State Machine. Es besteht aus Zustandsknoten, die die verschiedenen Zustände des Systems repräsentieren, und gerichteten Kanten, die die Übergänge zwischen den Zuständen darstellen. Die Kanten sind mit Ereignissen oder Bedingungen beschriftet, die den Übergang zwischen den Zuständen auslösen, und möglicherweise auch mit Ausgaben oder Aktionen, die mit dem Übergang verbunden sind. Sie dienen hauptsächlich dazu, die Struktur und das Verhalten einer FSM visuell darzustellen, was die Analyse, das Verständnis und die Kommunikation über das System erleichtert. Sie werden häufig in der Systementwicklung verwendet, um komplexe Zustandslogik zu visualisieren und zu überprüfen.[3]

2.3. FPGA (Field Programmable Gate Array)

Ein FPGA (Field Programmable Gate Array) ist ein integrierter Schaltkreis, der eine Reihe von programmierbaren Logikblöcken enthält, die durch programmierbare Verbindungen miteinander verbunden sind. Im Gegensatz zu ASICs (Application-Specific Integrated Circuits), bei denen die Schaltung festgelegt ist, können FPGAs nach der Herstellung durch den Benutzer oder den Entwickler programmiert werden, um eine bestimmte Funktion oder Logik zu implementieren. Diese Logikblöcke

---

[3] Vgl. Marwedel, 2021, S. 36-40

können als grundlegende logische Bausteine wie AND-, OR- und XOR-Gatter konfiguriert werden und sind in der Regel in größere Funktionsblöcke gruppiert.

Die Hauptstärke von FPGAs liegt in ihrer Flexibilität und Anpassungsfähigkeit, da sie für eine Vielzahl von Anwendungen verwendet werden können, von digitalen Signalverarbeitungssystemen über eingebettete Systeme bis hin zu Netzwerken und Rechenzentren. Die Entwicklung von FPGA-basierten Systemen beinhaltet typischerweise das Schreiben oder Generieren von HDL (Hardware Description Language) -Code wie VHDL oder Verilog, die Synthese dieses Codes in eine konkrete Schaltungskonfiguration und das Laden dieser Konfiguration auf den FPGA-Chip. Entwickler können auch High-Level-Synthese-Tools verwenden, um C oder C++-Code direkt in Hardware zu übersetzen. FPGAs werden in einer Vielzahl von Anwendungen eingesetzt, darunter Prototyping und Entwicklung von Schaltungen, schnelle Protokollkonvertierung, Hardwarebeschleunigung für rechenintensive Anwendungen, eingebettete Systeme, Signalverarbeitung, drahtlose Kommunikation und mehr.

Obwohl FPGAs viele Vorteile bieten, wie Flexibilität, Anpassungsfähigkeit und hohe Rechenleistung, sind sie nicht ohne Nachteile. Einer dieser Nachteile ist ihre Komplexität. Die Entwicklung von FPGA-basierten Systemen erfordert ein tiefes Verständnis von Hardware-Design-Prinzipien und Programmierung, was insbesondere für Anfänger eine Herausforderung sein kann. Zudem sind FPGAs in der Regel teurer als herkömmliche Mikrocontroller oder Mikroprozessoren, sowohl in Bezug auf Anschaffungskosten als auch auf die Entwicklungskosten. Obwohl sie eine hohe Flexibilität bieten, können FPGAs in einigen Anwendungen nicht die gleiche Leistung wie dedizierte ASICs (Application-Specific Integrated Circuits) bieten, die speziell für eine bestimmte Anwendung optimiert werden können. Der Design-Zyklus für FPGA-basierte Systeme kann ebenfalls länger sein als bei der Entwicklung mit Standard-Mikrocontrollern oder ASICs, da die Verifikation und Optimierung zeitaufwändiger sein kann. Zudem haben FPGAs begrenzte Ressourcen wie Logikblöcke, Speicher und I/O-Ressourcen, was die Gestaltung komplexer Systeme erschwert. Schließlich ist das Aktualisieren von FPGA-Designs im

Vergleich zu Softwareaktualisierungen komplexer und erfordert oft eine physische Neuprogrammierung des Chips.[4]

2.4. Die Software „Intel® Quartus® II"

Intel® Quartus® II ist eine umfassende Software-Suite von Intel, die für die Entwicklung von FPGAs, CPLDs (Complex Programmable Logic Devices) und SoCs (System-on-Chips) verwendet wird. Die Software bietet Tools zur Design-Erfassung, einschließlich grafischer und textbasierter Editoren für HDL (Hardware Description Language) wie VHDL und Verilog. Integrierte Simulationswerkzeuge ermöglichen es Entwicklern, das Verhalten ihrer Designs vor der Implementierung auf einem FPGA zu überprüfen. Quartus Prime enthält leistungsstarke Synthese- und Platzierungsalgorithmen, die HDL-Code in eine konkrete Schaltungskonfiguration übersetzen und Logikblöcke sowie Verbindungen auf dem FPGA zuweisen. Timing- und Signalintegritätsanalyse-Werkzeuge gewährleisten die Einhaltung von Timing-Anforderungen und vermeiden Signalprobleme. Die Software bietet Funktionen zum Debuggen und zur Fehlerbehebung, um das Designverhalten zu überwachen und zu analysieren.

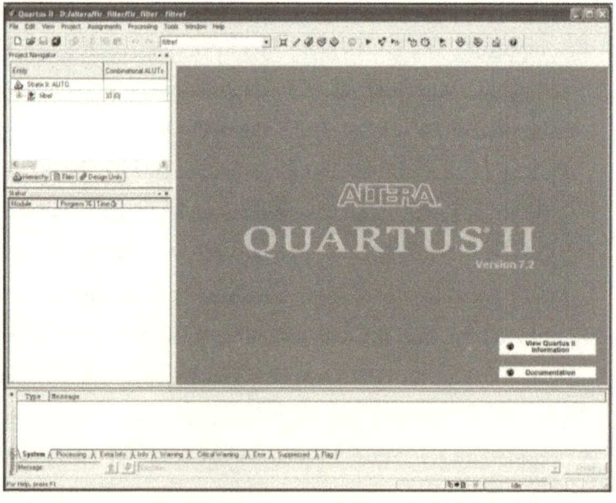

Abbildung 1: Software Intel® Quartus® II

---

[4] Vgl. Gehrke & Winzker, 2022, S. 210

2.5. Erstellung eines Grundkonzeptes

Die Entwicklung einer FSM beginnt mit der Definition der Zustände, Eingänge und
Übergänge des Systems. Dieses Grundkonzept legt den Rahmen für die
Implementierung in VHDL fest und dient als Leitfaden während des gesamten
Entwicklungsprozesses. In der folgenden Abbildung 2 ist das Finite State Diagramm
der Kaffeemaschine zu sehen:

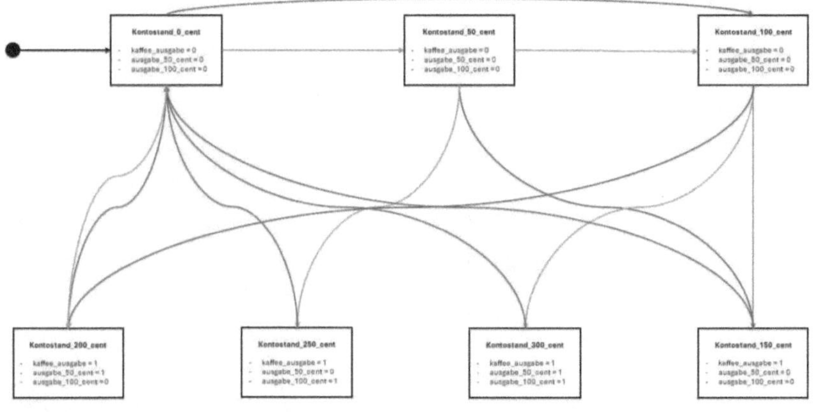

Abbildung 2: Kaffeemaschine als FSD

Im Anhang befindet sich die Originalversion. Die Farben kennzeichnen die
unterschiedlichen möglichen Wege, durch Einwurf von Geldstücken:

- Grau ≙ 50 Cent
- Blau ≙ 100 Cent
- Orange ≙ 200 Cent

2.6. Implementierung in VHDL

Die Implementierung der FSM in VHDL erfolgt durch die Definition von
Zustandsvariablen, Eingangs- und Ausgangssignalen sowie durch die Beschreibung
der Zustandsübergänge und Ausgangslogik mithilfe von Prozessen und
Signalzuweisungen.

Im Entity-Teil werden die Ports definiert. Zusätzlich werden die Zustände als Ausgänge festgelegt, um sie im Simulationsprogramm beobachten zu können. Dies erleichtert das Debuggen erheblich. Der Datentyp **"std_logic"** wurde für alle Ports verwendet:

```vhdl
library ieee;
use ieee.std_logic_1164.all;

entity CoffeeMachine is
    port    (clk                 : in     std_logic;
             reset               : in     std_logic;
             input_50_cent       : in     std_logic;
             input_100_cent      : in     std_logic;
             input_200_cent      : in     std_logic;
             output_coffee       : out    std_logic;
             output_50_cent      : out    std_logic;
             output_100_cent     : out    std_logic;
             step_0_cent         : out    std_logic;
             step_50_cent        : out    std_logic;
             step_100_cent       : out    std_logic;
             step_150_cent       : out    std_logic;
             step_200_cent       : out    std_logic;
             step_250_cent       : out    std_logic;
             step_300_cent       : out    std_logic;
             step_stepbetween    : out    std_logic);
end CoffeeMachine;
```

Im architecture-Teil wird zu Beginn ein neuer Typ namens **"tstate"** eingeführt, der eine Liste von verschiedenen Zuständen des Systems darstellt. Zusätzlich werden zwei Signale, **"current_state"** und **"next_state"**, definiert, um den aktuellen und den nächsten Zustand des Systems zu speichern. Weiterhin wird das Signal **"output_coffee_signal"** eingeführt. Dieses Signal dient als Hilfsmittel, um den Prozess des Kaffeeausgebens im System zu steuern. Es wird später mit dem tatsächlichen Ausgang **"output_coffee"** synchronisiert, um sicherzustellen, dass der Kaffeeausgabeprozess korrekt funktioniert. Zusätzlich wird die Konstante **"reset_state"** definiert. Diese legt fest, dass der Ausgangszustand des Systems durch den Zustand **"balance_0_cent"** repräsentiert wird. Das bedeutet, dass das System in diesem Zustand startet, beispielsweise mit einem Kontostand von 0 Cent, und sich von dort aus je nach den Eingaben und dem Systemverhalten weiterentwickelt:

```vhdl
architecture behave of CoffeeMachine is
    type tstate is  (balance_0_cent,
                     balance_50_cent,
                     balance_100_cent,
                     balance_150_cent,
                     balance_200_cent,
                     balance_250_cent,
                     balance_300_cent,
                     stepbetween);
    signal current_state, next_state : tstate;
    signal output_coffee_signal : std_logic;
    constant reset_state : tstate := balance_0_cent;
```

Im architecture-Teil werden in der Folgefunktion die Bedingungen für den Übergang zu den nächsten Schritten formuliert. Hierbei wird eine "when-case-Anweisung" verwendet, um dem Signal "next_state" entsprechend der erfüllten Bedingung den passenden Zustand zuzuweisen[5]:

```vhdl
begin
    next_state  <=  balance_0_cent  when current_state = stepbetween
                                        and (output_coffee_signal = '0') else
                    balance_50_cent when current_state = balance_0_cent
                                        and (input_50_cent = '1') else
                    balance_100_cent    when (current_state = balance_0_cent
                                        and (input_100_cent = '1'))
                                        or  (current_state = balance_50_cent
                                        and (input_50_cent = '1')) else
                    balance_150_cent    when (current_state = balance_50_cent
                                        and (input_100_cent = '1'))
                                        or  (current_state = balance_100_cent
                                        and (input_50_cent = '1')) else
                    balance_200_cent    when (current_state = balance_0_cent
                                        and (input_200_cent = '1'))
                                        or  (current_state = balance_100_cent
                                        and (input_100_cent = '1')) else
                    balance_250_cent    when current_state = balance_50_cent
                                        and (input_200_cent = '1') else
                    balance_300_cent    when current_state = balance_100_cent
                                        and (input_200_cent = '1') else
                    stepbetween         when (current_state = balance_150_cent
                                        and (output_coffee_signal = '1'))
                                        or  (current_state = balance_200_cent
                                        and (output_coffee_signal = '1'))
                                        or  (current_state = balance_250_cent
                                        and (output_coffee_signal = '1'))
                                        or  (current_state = balance_300_cent
                                        and (output_coffee_signal = '1')) else
                    current_state;
```

---

[5] Vgl. Gehrke & Winzker, 2022, S.213-215

Anschließend werden die Signalzustände zu Ausgängen gemacht, um in der Simulation besser überwacht werden zu können:

```vhdl
step_0_cent          <= '1' when (current_state = balance_0_cent)
                else '0';
   step_50_cent      <= '1' when (current_state = balance_50_cent)
                else '0';
   step_100_cent     <= '1' when (current_state = balance_100_cent)
                else '0';
   step_150_cent     <= '1' when (current_state = balance_150_cent)
                else '0';
   step_200_cent     <= '1' when (current_state = balance_200_cent)
                else '0';
   step_250_cent     <= '1' when (current_state = balance_250_cent)
                else '0';
   step_300_cent     <= '1' when (current_state = balance_300_cent)
                else '0';
   step_stepbetween  <= '1' when (current_state = stepbetween)
                else '0';
```

Nun wird noch ein Prozess benötigt, der auf Veränderungen in den Signalen **"clk"**, **"reset"** und **"next_state"** reagiert. Jede Änderung in einem dieser Signale löst den Prozess aus. Das Signal **"reset"** setzt das System zurück in den Ausgangszustand, während bei einer steigenden Flanke des Taktsignals **"clk"** der aktuelle Zustand durch den nächsten Zustand ersetzt wird:

```vhdl
process(clk, reset, next_state) is
begin
    if  reset = '1' then
        current_state <= reset_state;
    elsif rising_edge(clk)  then
        current_state <= next_state;
    end if;
end process;
```

Die Ausgabefunktion schaltet die entsprechenden Ausgänge basierend auf den aktuellen Zuständen. Um die Kaffeeausgabe als Kriterium für weitere Schaltvorgänge zu nutzen, wird die Zustandsinformation für die Kaffeeausgabe auf das Signal **"output_coffee_signal"** übertragen:

```vhdl
output_coffee              <=  '1' when (current_state = balance_150_cent)
                           or  (current_state = balance_200_cent)
                           or  (current_state = balance_250_cent)
                           or  (current_state = balance_300_cent)
                           else '0';
output_coffee_signal       <=  '1' when (current_state = balance_150_cent)
                           or  (current_state = balance_200_cent)
                           or  (current_state = balance_250_cent)
                           or  (current_state = balance_300_cent)
                           else '0';
output_50_cent             <=  '1' when (current_state = balance_200_cent)
                           or  (current_state = balance_300_cent)
                           else '0';
output_100_cent        <=  '1' when (current_state = balance_250_cent)
                           or  (current_state = balance_300_cent)
                           else '0';
end behave;
```

Nachdem der Code kompiliert wurde und sowohl die Logik als auch die Syntax auf ihre Korrektheit hin überprüft wurden, wird in der Zusammenfassung des Ablaufs eine Übersicht über die Hardware-Implementierung gegeben. Es werden werden 16 Pins auf der Hardware verwendet. Darüber hinaus werden 21 logische Bauelemente benötigt, um die Schaltung zu realisieren, wie es in der nachfolgenden Funktion beschrieben ist. Außerdem werden acht Register benötigt.

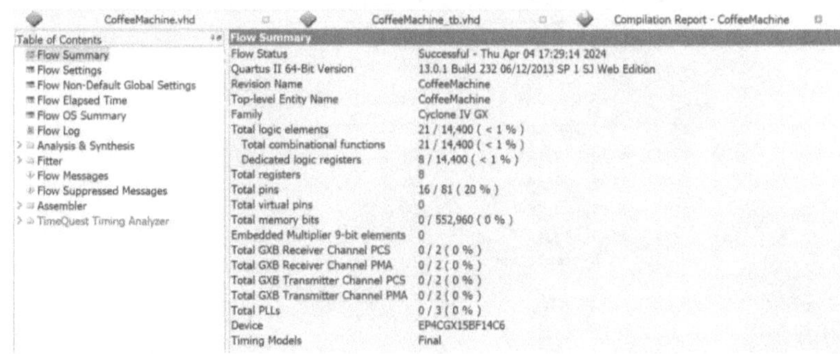

Abbildung 3: Flow Summary

2.7. Testbench

Nach der Implementierung wird die FSM mithilfe von Simulationen und Tests validiert, um sicherzustellen, dass sie die gewünschte Funktionalität korrekt umsetzt. Dabei werden verschiedene Eingabefälle und Randbedingungen berücksichtigt, um die Robustheit und Zuverlässigkeit der Schaltung zu gewährleisten.[6]

Im Abschnitt zur Entität der Testbench sind keine Ports zu definieren. Jedoch müssen alle Ports aus dem Entitätsabschnitt des Top-Level-VHDL als Signale definiert werden:

```vhdl
library ieee;
use ieee.std_logic_1164.all;

entity CoffeeMachine_tb is
end CoffeeMachine_tb;

architecture behave of CoffeeMachine_tb is

signal  clk                 : std_logic;
signal  reset               : std_logic;
signal  input_50_cent       : std_logic;
signal  input_100_cent      : std_logic;
signal  input_200_cent      : std_logic;
signal  output_coffee       : std_logic;
signal  output_50_cent      : std_logic;
signal  output_100_cent     : std_logic;
signal  step_0_cent         : std_logic;
signal  step_50_cent        : std_logic;
signal  step_100_cent       : std_logic;
signal  step_150_cent       : std_logic;
signal  step_200_cent       : std_logic;
signal  step_250_cent       : std_logic;
signal  step_300_cent       : std_logic;
signal  step_stepbetween    : std_logic;
```

In der Testbench müssen die Ports identisch mit den Ports der Top-Level-VHDL-Datei sein:

---

[6] Vgl. Gehrke & Winzker, 2022, S. 52-54

```vhdl
component CoffeeMachine is
port       (clk                  : in std_logic;
            reset                : in std_logic;
            input_50_cent        : in std_logic;
            input_100_cent       : in std_logic;
            input_200_cent       : in std_logic;
            output_coffee        : out std_logic;
            output_50_cent       : out std_logic;
            output_100_cent      : out std_logic;
            step_0_cent          : out std_logic;
            step_50_cent         : out std_logic;
            step_100_cent        : out std_logic;
            step_150_cent        : out std_logic;
            step_200_cent        : out std_logic;
            step_250_cent        : out std_logic;
            step_300_cent        : out std_logic;
            step_stepbetween     : out std_logic);
end component;
```

Das Takt-Signal für "**clk**" wird im Abschnitt "**my_clk**" definiert, mit einer Zyklusdauer von 10 Nanosekunden. Innerhalb dieser Zeit sollte es nicht möglich sein, mehr als eine Münze einzuführen.

Nun wird die hinzugefügte Baugruppe mittels des Befehls "**port map**" unter dem Namen "**dut**" instanziiert. Es ist wichtig, dass die Testsignale in der gleichen Reihenfolge wie die entsprechenden Ein- und Ausgänge angeordnet sind, damit sie korrekt mit den Ein- und Ausgängen des Top-Level VHDL-Moduls verbunden werden können.

Im Abschnitt "**testSigDef**" werden alle neun möglichen Pfade mit einem Abstand von 20 Nanosekunden einmal durchlaufen. Im Folgenden ist lediglich der erste Pfad dargestellt. Die übrigen Pfade können aus der Datei "**CoffeeMachine_tb**", die Teil der komprimierten Abgabedatei ist, entnommen werden.

```vhdl
begin
my_clk: process
    begin
    clk <= '0';
    wait for 5 ns;
    clk <= '1';
    wait for 5 ns;
end process my_clk;

dut: CoffeeMachine port map(clk, reset, input_50_cent, input_100_cent, input_200_cent,
                           output_coffee, output_50_cent, output_100_cent, step_0_cent,
                           step_50_cent, step_100_cent, step_150_cent, step_200_cent,
                           step_250_cent, step_300_cent, step_stepbetween);

testSigDef: process
    begin
    input_50_cent    <= '0';
    input_100_cent   <= '0';
    input_200_cent   <= '0';
    reset            <= '1';
    wait for 10 ns;
    reset            <= '0';

    -- Fall 1: 50, 100
    input_50_cent    <= '1';
    wait for 10 ns;
    input_50_cent    <= '0';
    wait for 10 ns;
    input_100_cent   <= '1';
    wait for 10 ns;
    input_100_cent   <= '0';
    wait for 20 ns;
```

Die Simulation der Testbench sieht folgendermaßen aus:

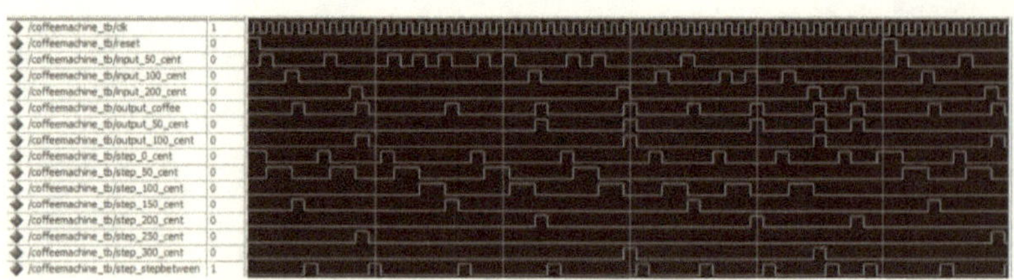

Abbildung 4: Modelsim Testbench Wave

Es ist sehr gut zu erkennen, wie die FSM bei allen neun unterschiedlichen Eingabemöglichkeiten reagiert.

3. Schlussbetrachtungen

Die Entwicklung einer FSM für FPGAs mithilfe VHDL ist ein anspruchsvoller Prozess, der ein solides Verständnis der theoretischen Grundlagen sowie eine sorgfältige Planung erfordert. Durch die richtige Methodik und Herangehensweise können jedoch effiziente und zuverlässige Schaltungen realisiert werden, die den spezifischen Anforderungen der jeweiligen Anwendung gerecht werden.

4. Literaturverzeichnis

Auer, M., Langmann, R., & Tsiatsos, T. (2023). *Open Science in Engineering.* Frankfurt: Springer.

Gehrke, W., & Winzker, M. (2022). *Digitaltechnik.* Osnabrück: Springer Vieweg.

Gessler, R. (2014). *Entwicklung Eingebetteter Systeme.* Ravensburg: Springer Vieweg.

Marwedel, P. (2021). *Embedded System Design.* Dortmund: Springer.

5. Abbildungsverzeichnis

6. Anhang:

6.1. Finite State Diagram

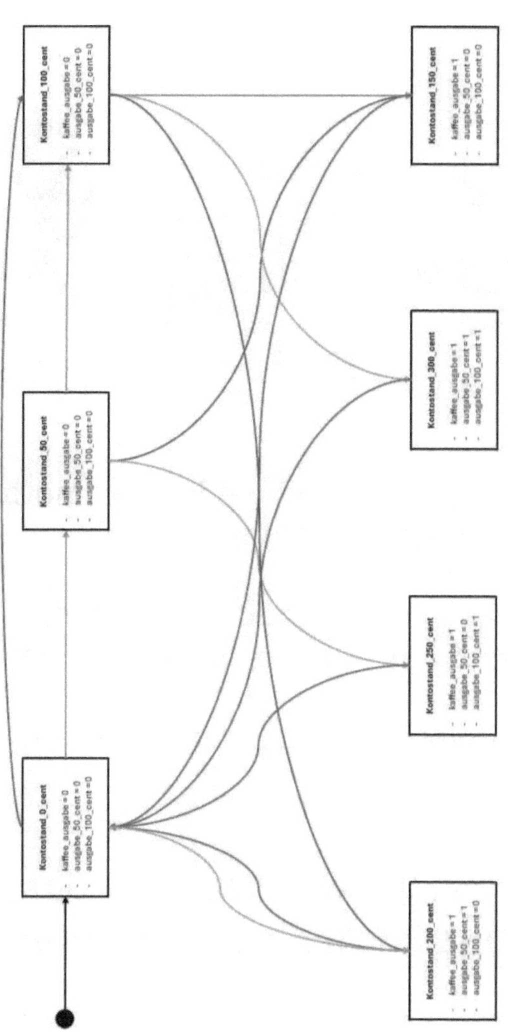